RÉPONSE

AUX QUESTIONS

SUR LES SEMIS.

MÉMOIRE

EN RÉPONSE

AUX QUESTIONS SUR LES SEMIS

PROPOSÉES PAR LA SOCIÉTÉ D'HORTICULTURE;

LU A CETTE SOCIÉTÉ LE 19 DÉCEMBRE 1832, ET A CELLE
D'AGRICULTURE, LE MÊME JOUR.

Par M. BÉRARD AÎNÉ (DU MANS).

PARIS,

IMPRIMERIE DE Mme HUZARD (née VALLAT LA CHAPELLE),
Rue de l'Éperon, n° 7.

1833.

MÉMOIRE

EN RÉPONSE

AUX QUESTIONS SUR LES SEMIS

PROPOSÉES PAR LA SOCIÉTÉ D'HORTICULTURE,

LU A CETTE SOCIÉTÉ LE 19 DÉCEMBRE 1832, ET A CELLE
D'AGRICULTURE, LE MÊME JOUR.

Par M. BÉRARD aîné (du Mans).

Messieurs,

J'ai lu dans les *Annales de la Société d'horti-culture* (N° 59, juillet 1832), dont j'ai l'honneur d'être membre correspondant, l'annonce d'un *Mémoire* de M. Jaume Saint Hilaire *sur les bonnes espèces d'arbres à fruits et sur la propagation par la voie des semis*, et la proposition d'un prix à décerner, en 1848, pour résoudre différens problêmes sur les semis.

Comme, à mon âge, je n'ai pas l'espérance de voir cette époque, je crois devoir dès aujourd'hui prendre la liberté de vous communiquer les expériences que j'ai faites, il y a déjà long-temps, sur cette partie si intéressante de l'agriculture, vous développer et vous soumettre ma théorie à ce sujet.

J'ai semé, il y a plus de trente ans, des pepins de belles pommes de reinette; semés à part, ils ont bien levé, et j'en ai fait une petite pépinière séparée : j'ai planté ensuite ces arbres dans de nouveaux vergers; je m'attendais à de beaux fruits, j'ai été bien trompé; je n'ai récolté que des pommes sauvages et acerbes.

L'arbre greffé doit modifier sa sève par la greffe ou l'écusson; mais le pepin ou le noyau ne se modifie point par la nouvelle sève, et conserve le type primitif quand il reste isolé; il ne subit de variation que par le mélange des pommiers qui sont à une légère distance de lui, et qui fleurissent en même temps : ainsi la greffe ou l'écusson conserve les bonnes espèces de fruits, sauf les modifications du sol, du climat et des abris. Cependant si on pouvait, par un moyen quelconque, faire réussir les boutures d'un bon arbre greffé ou écussonné, l'arbre venu ainsi de boutures, n'ayant rien de sauvage, conserverait sa nature; et ses pepins ou noyaux donneraient les mêmes espèces s'ils étaient isolés, ou de nouvelles combinaisons bonnes ou mauvaises, suivant les espèces d'arbres qui les environneraient dans le même verger, et qui fleuriraient simultanément. Mais, pour avoir de nouvelles espèces, il faut avoir recours aux semis : il en est de même pour les arbres comme pour les fleurs. Un amateur de jacinthes, de tulipes, d'œillets, de dahlias fera des semis considérables de ces graines, et il sera très content s'il peut avoir, sur mille nouveaux sujets, une fleur nouvelle, digne de faire lignée et d'entrer dans la série des belles espèces à conserver.

De même, un amateur de vergers serait trop heureux si, sur mille jeunes pommiers qu'il aurait fait venir de semis, et qu'il aurait ensuite plantés sur ses terres, il pût avoir un seul pommier ou poirier qui fût reconnu digne par les connaisseurs d'être aussi conservé et propagé par la greffe ou l'écusson.

On ne devrait jamais greffer d'arbres qu'après s'être assuré de la bonne ou mauvaise qualité de leurs fruits, pour savoir s'ils sont bons à conserver ou à greffer ; mais on est pressé de jouir, et une bonne espèce à trouver est un quaterne à la loterie.

Voilà, en résumé, tout mon système pour avoir de bons fruits : ce serait de planter un arbre franc de pied, c'est à dire qui n'aurait jamais subi de modifications de greffe et d'écusson, et qui donnerait de bons fruits naturellement, par exemple, un pommier ou un poirier; de le planter, dis-je, dans un verger, à côté de pommiers ou poiriers des meilleures espèces, et dont la floraison se ferait simultanément avec la sienne, ensuite de semer les pepins qui proviendraient de cet arbre; on serait sûr d'avoir une grande variété de nouvelles espèces de fruits, parmi lesquelles on pourrait en rencontrer quelques unes d'excellentes. Ce pommier, planté à côté des pommiers de reinette, de calville, d'api, etc., donnerait nécessairement, par le mélange des poussières des fleurs de ces arbres, des fruits bâtards, dont quelques uns se feraient légitimer par la saveur ou la beauté de leurs fruits.

Un arbre franc de pied ne peut conserver intégralement son espèce qu'autant qu'il serait parfaitement isolé à de grandes distances, et verra ses semis se modifier de cent manières, suivant la diversité des arbres qui sont à côté de lui.

Nous possédons une infinité de variétés de fruits inconnus à la Quintinie, et nos richesses augmentent tous les jours. Ce que je dis pour les pommiers peut s'adapter aux poiriers, aux cerisiers, aux pruniers et même aux noyers, aux cormiers et aux châtaigniers.

Dans le principe, il ne devait y avoir qu'une espèce de pommes et de poires ; l'arbre sauvage se modifie par la transplantation, par la culture, par la taille, par le changement de climat, par la greffe même qui se fait sur lui-même ; mais il n'y a que les semis qui puissent produire de nouvelles espèces, et toutes les combinaisons de bons fruits n'ont pas encore été obtenues.

Non seulement on peut avoir de nouvelles variétés de fruits excellens, en plaçant, comme je l'ai marqué plus haut, un pommier franc de pied à côté d'un pommier de reinette, de calville, d'api, etc., dont la floraison se fait simultanément ; car on sent que si on mettait ce pommier franc de pied, pour avoir des pepins à semer, à côté de pommiers à fruits médiocres, on aurait bien moins de chance pour avoir de bonnes espèces.

Voici encore une autre combinaison pour avoir de nouvelles espèces métisses, c'est de planter un arbre fruitier à côté d'arbres de différentes espèces : un pommier, par exemple, pourrait être fécondé par des poiriers ; un poirier, par des cognassiers ou par des cormiers ; un prunier, par des pêchers ou des abricotiers ; un pêcher ou un abricotier, par un amandier, et ainsi des autres espèces. Qui peut prévoir tous les résultats qu'on peut obtenir par des expériences multipliées et variées de mille manières différentes ? En outre, ne serait-il pas possible de faire pour des pommiers ce que l'on fait pour les dattiers, sur lesquels on porte la poussière des fleurs mâles, pour féconder les dattiers femelles en fleur ?

Une grande partie des pommiers à cidre de nos cantons n'a jamais été greffée et donne naturellement une bonne espèce de pommes.

Ces variétés se combinent journellement de mille manières, mais qui, ne se propageant point par la greffe, excepté les meilleures, disparaissent par la mort de l'arbre, pour faire place à de nouvelles séries de variétés. Pour ces sortes de pommes, nos ancêtres ne connaissaient que trois grandes divisions, les pommes acides ou aigres, les pommes douces et les pommes amères ; mais à présent nous possédons toutes les nuances de fruits ; on peut passer de l'acide au doux par des nuances insensibles, ainsi que du doux à l'amer, et de l'amer à l'acide.

Plus un arbre a été écussonné ou greffé de fois, plus son fruit s'améliore et devient succulent ; mais ce que l'arbre gagne par la bonté et la beauté de son fruit, il le perd en force. L'arbre greffé redoute les gelées, les coulages par les mauvais vents ; tandis que l'arbre sauvage brave l'intem-

périe des saisons : les arbres sont comme les
hommes et les animaux , qui perdent au physique
ce qu'ils gagnent au moral.

Je vais à présent vous soumettre une difficulté
sur la théorie de la sève, que je ne puis résoudre.
Dans le grand nombre d'expériences que j'ai faites,
je me suis amusé à écussonner de nouveau un
abricotier qui l'avait déjà été sur prunier, et à y
mettre des écussons de prunes, de pêches et de
brignons : j'ai récolté ainsi sur le même arbre des
abricots, des prunes, des pêches et des brignons ;
chaque espèce conservait parfaitement sa saveur
et son arôme.

J'ai fait greffer un pommier sauvageon avec des
greffes de pommes douces, de pommes acides et
de pommes amères, qui conservèrent chacune la
saveur des arbres d'où j'avais tiré les greffes :
comment concilier à présent le système de la sève
montante et descendante des arbres, comme dans
le corps humain ? Ce système est très beau en
théorie, mais ne peut se soutenir à l'examen ;
car dans le corps humain, le sang se mêle et est
toujours homogène. Si le sang humain reçoit un
virus, comme, par exemple, celui de la petite vé-
role qu'on aurait inoculé, bientôt toute la masse
du sang sera imprégnée et viciée de ce virus , mais
restera toujours homogène.

Comment concilier le système de la sève montante et descendante dans un arbre qui porte des fruits de différentes espèces, et conserve leur goût et leur saveur; dans un arbre qui produit simultanément des abricots, des prunes, des pêches et des brignons; dans un pommier qui produit à la fois des pommes douces, acides et amères, avec le système d'une sève qui est montante sans descendre ? Tout se comprend aisément; la sève se modifie en passant par les laminoirs du nouvel écusson, et prend le goût et la saveur attachés à l'arbre dont on a tiré l'écusson ou la greffe.

On sent aussi qu'on peut greffer ou écussonner sur le même arbre toutes les espèces qui ont de l'analogie; cependant les espèces les plus vigoureuses absorbent plus de sève, et font languir et périr les espèces plus délicates, et les arbres finissent souvent par périr; mais ces expériences amusent toujours les amateurs, et ils ne se lassent pas de les répéter.

Passons aux précautions à prendre pour les greffes.

Quand on veut greffer des arbres, il ne faut rien faire au hasard; mais tout doit être calculé d'avance, et sur les principes de la saine physique : il faut consulter l'analogie des espèces, celle de la sève, enfin celle de la précocité.

Il faut consulter l'analogie des espèces, sans quoi l'arbre greffé ne réussira point, et périra au bout de quelques années.

J'ai fait venir des lauriers écussonnés sur des cerisiers, et j'ai obtenu des fleurs de lilas sur des frênes; mais tous ces arbres ont péri au bout de quelques années.

Il faut combiner l'analogie de la sève, si on veut augmenter la saveur du fruit; prenons pour exemple un pommier. Si on veut avoir de bonnes pommes de reinette, ces pommes étant un peu acides, il faudra greffer sur un pommier sauvageon, qui donnera naturellement de bonnes pommes à cidre, un peu acides; car si vous le greffez sur un sauvageon amer, votre pomme de reinette prendra un petit goût d'amertume que la greffe n'aura pas assez modifié, mais qui, je le pense, conviendra mieux à ceux qui veulent du succulent.

Il faut enfin suivre l'analogie de la précocité, qui est d'une plus haute importance pour la réussite des greffes.

La fleuraison des pommiers dure soixante jours environ, en comptant depuis celle des pommiers précoces jusqu'à celle des pommiers tardifs.

Si un jardinier ignorant inocule une greffe d'un pommier précoce sur un sauvageon tardif, la greffe demande de la sève , et n'en recevant point, se dessèche et périt. Si , au contraire , on insère une greffe d'un arbre tardif sur un arbre précoce , l'arbre précoce donne de la sève que ne peut prendre la greffe tardive ; alors la sève se transvase, et l'arbre périt.

Quand un jardinier routinier greffe au hasard, il est tout étonné de voir une partie de ses greffes qui ont réussi, tandis que l'autre a péri , quoiqu'il y ait donné les mêmes soins ; il ne peut concevoir d'où provient cette différence, qui n'est que le défaut d'analogie entre les sèves. Pour éviter les erreurs, je fais marquer, un an d'avance, les jeunes arbres de mes vergers que je veux faire greffer ; je dirige tout moi-même, tout est raisonné , et rien ne se fait par routine.

On peut greffer un arbre plusieurs fois ; plus il est greffé de fois, greffes sur greffes, plus la sève est élaborée, plus les fruits deviennent succulens , mais aussi plus l'arbre devient délicat ; et à force de greffer, l'arbre périt , surtout si on néglige d'observer l'analogie des sèves.

Tous les ans, je passais, pour mes affaires commerciales, à Limoges, où je connaissais M. Juge Saint-Martin , habile agriculteur , qui a fait une foule d'expériences, et qui était membre correspondant de la Société centrale d'agriculture. Il s'était

amusé à écussonner un marronnier d'Inde, plusieurs fois, sur lui-même : à force de l'écussonner,
il était parvenu à faire produire à son arbre des
feuilles d'une grandeur prodigieuse ; mais à la
fin, l'arbre mourut. Tous les ans, M. Juge me
montrait les progrès de ces feuilles, et conservait celles des années antérieures, pour faire voir
les gradations.

Que l'agriculture gagnera quand elle sera diri-
gée par des hommes instruits et qui se conduiront
par les principes d'une saine physique ! Quels ser-
vices n'ont pas rendus les sociétés savantes qui
mettent en commun toutes leurs découvertes pour
les propager, et augmenter par là les richesses et
la prospérité de leur patrie ! J'ai voulu aussi,
Messieurs, vous apporter le denier de la veuve ;
je vous prie de vouloir bien l'agréer avec indul-
gence.

J'ai l'honneur d'être, etc.

BÉRARD aîné (du Mans).

RÉPONSE

AUX OBSERVATIONS QUE L'ON M'A FAITES SUR L'OPINION QUE J'AI
ÉMISE QUE LES FRUITS D'UN ARBRE GREFFÉ SE RESSENTAIENT
TOUJOURS UN PEU DE L'INFLUENCE DE LA SÈVE DU SAUVAGEON,
TANDIS QUE D'AUTRES PRÉTENDENT QUE LA GREFFE MODIFIE SEULE
LA SÈVE DU SAUVAGEON ET N'EN RESSENT POINT L'INFLUENCE.

Je réponds que si on greffe, par exemple, du même pommier de reinette, trois jeunes pommiers sauvageons, dont l'un donnera naturellement de bonnes pommes douces, le second de bonnes pommes acides, le troisième de bonnes pommes amères, on devrait avoir des fruits tout à fait semblables, surtout si on a eu la précaution de les mettre à côté les uns des autres dans le même verger, afin que l'influence du sol et des arbres fût la même. Cependant il y aura une légère modification, car les pommes de reinette greffées sur le sauvageon à fruit doux seront moins acides que les pommes de reinette greffées sur le sauvageon à fruit acide, et les pommes de reinette greffées sur le sauvageon à fruit amer en recevront une légère amertume. Ainsi,

vous obtiendrez bien de vos trois arbres des pommes de reinette semblables, pour la forme, à
celles de l'arbre qui aura donné les greffes ; mais
il y aura entr'elles quelque différence produite
par la différence de la sève des trois sauvageons :
j'avoue que cette différence est légère, et qu'il
n'y a que les vrais connaisseurs qui peuvent
l'apprécier.

Je vais confirmer mon opinion par une expé-
rience que j'ai faite ; j'ignore si elle a été tentée
par d'autres amateurs. Je me suis amusé un jour
à faire greffer, sur une branche d'un arbre greffé
et donnant de bons fruits, une nouvelle greffe
de l'arbre le plus sauvage de mes propriétés, qui
donnait de petites pommes qu'il était impossible
de manger, et qui ne valaient même rien pour
le cidre. J'ai récolté au bout de quelques années
des pommes demi-sauvages, mais qu'on pouvait
manger, et qui différaient de l'arbre primitif
par la saveur et la grosseur : car la greffe, ne recevant que de la sève élaborée par la greffe infé-
rieure, n'a pas conservé son suc acerbe et a reçu
une modification.

Au reste, il n'y a rien de parfaitement sem-
blable dans la nature ; on ne peut, dans une forêt,
trouver deux feuilles qui se ressemblent entiè-
rement. Les fruits doivent donc avoir aussi des

nuances différentes de saveur , souvent impossibles à découvrir , mais qui n'en existent pas moins.

Je vais plus loin : le même arbre donne des nuances différentes de saveur et de parfum ; car une pomme de reinette ou un autre fruit récolté sur des branches exposées au midi , et qui aura reçu les influences bienfaisantes du soleil , aura nécessairement plus de saveur et d'arôme que le même fruit recueilli sur le même arbre dont les branches seront au nord , et celui-ci sera encore supérieur au fruit qui aura été produit au centre de l'arbre , et qui , étant couvert et ombragé de branches et de feuilles , n'aura pu recevoir l'influence du soleil , de l'air et de la lumière.

OUVRAGES

Pomologie physiologique, ou Traité du perfectionnement de la fructification, des moyens d'améliorer les fruits domestiques et sauvages; par M. *Sageret*. 1830, in-8, 7 f. 50 c. et 9 f. 50 c., *franc de port*.

Taille raisonnée des arbres fruitiers, et autres opérations relatives à leur culture; par *C. Butret*. 16° édit. 1821, in-12, fig., 2 f. et 2 f. 25 c.

Traité complet sur le jardin potager, également convenable au midi, au centre et au nord de la France, 1808, in-12, 3 f. et 4 f.

Cours de culture; par *A. Thouin*, professeur de culture au Muséum d'histoire naturelle; publié par *Oxe. Leclerc*. 1827, 3 vol. in-8, et atlas de 65 pl. cartonné, 35 f.

Art de cultiver la vigne et de faire le bon vin, malgré le climat et l'intempérie des saisons; par M. *Salmon*. 1826, in-12, fig., 3 f. 50 c. et 4 f. 25 c.

OEnologie française, ou Statistique de tous les vignobles et de toutes les boissons vineuses ou spiritueuses de la France, suivie de considérations générales sur la culture de la vigne; par M. *Cavoleau*. 1827, in-8, 6 f. 50 c. et 8 f.

Pommier (du), du poirier et du cormier, les divers usages de leurs fruits, etc.; par *L. Dubois*. 1804, 2 vol. in-12, fig., 3 f. 50 c. et 4 f. 75 c.

Nouvelle méthode de vinification; par *Aubergier*. 1825, in-12, 3 f. 50 c. et 4 f. 25 c.

DICTIONNAIRE DES TERMES TECHNIQUES DE BOTANIQUE; par *Mouton-Fontenille*. Lyon, 1803, in-8, 5 f. et 6 f. 50 c.

RECHERCHES CHIMIQUES SUR LA VÉGÉTATION; par *T. de Saussure*. 1804, in-8, fig., 5 f. et 6 f. 25 c.

THÉATRE D'AGRICULTURE ET MESNAGE DES CHAMPS, d'*Olivier de Serres*, dans lequel est représenté tout ce qui est requis et nécessaire pour bien dresser, gouverner, enrichir et embellir la maison rustique; nouv. édit. 1804-1805, 2 vol. in-4, fig., br., 36 f. et 46 f.

MURIERS ET VERS A SOIE, leur culture et leur éducation dans le climat de Paris, et moyens d'obtenir, chaque année, plusieurs récoltes de soie. Paris, 1832, in-8, 1 f. 25 c. et 1 f. 50 c.

OBSERVATIONS ET AMÉLIORATIONS sur quelques parties de l'agriculture dans les sols sablonneux; par *d'Ourches*. 1818, in-8, 3 f. et 3 f. 50 c.

NOUVEAU SYSTÈME DE CULTURE SANS FUMIER, ni chaux, ni jachère d'été; par *A. Beatson*; trad. de l'anglais par M. *Cavoleau*. 1827, in-8, fig., 3 f. et 3 f. 60 c.

PRINCIPES D'AGRICULTURE ET D'ÉCONOMIE appliqués, mois par mois, à toutes les opérations du cultivateur. 1804, in-8, 3 f. 50 c. et 4 f. 50 c.

MÉMOIRE SUR LES PRAIRIES NATURELLES ET SUR LEUR IRRIGATION; par *de Perthuis*. 1806, in-8, fig., 2 f. 50 c. et 3 f.

Outre les articles de cet Extrait et ceux du Catalogue général, on se charge de fournir tous les ouvrages de librairie, au prix d'annonce, ainsi que d'abonner à tous journaux.

IMPRIMERIE DE Mᵐᵉˢ. HUZARD (née VALLAT LA CHAPELLE), Rue de l'Éperon, n°. 7.